天地丰碑

——白莲河水利枢纽工程建设纪实（历史图片珍藏版）

汪德富　李　毅　主编

国家图书馆出版社

图书在版编目（CIP）数据

　　大地丰碑：白莲河水利枢纽工程建设纪实：历史图片珍藏版 / 汪德富，李毅主编 . —
北京：国家图书馆出版社，2024.8
　　ISBN 978-7-5013-8083-1

　　Ⅰ.①大… Ⅱ.①汪… ②李… Ⅲ.①水利水电工程 – 概况 – 湖北
Ⅳ.① TV752.63

　　中国国家版本馆 CIP 数据核字 (2024) 第 064891 号

书　　名　大地丰碑——白莲河水利枢纽工程建设纪实（历史图片珍藏版）
著　　者　汪德富　李　毅　主编
责任编辑　程鲁洁　田秀丽
封面设计　哲　夫

出版发行　国家图书馆出版社（北京市西城区文津街 7 号　　100034）
　　　　　（原书目文献出版社　北京图书馆出版社）
　　　　　010-66114536　63802249　nlcpress@nlc.cn（邮购）
网　　址　http://www.nlcpress.com
印　　装　北京金康利印刷有限公司
版次印次　2024 年 8 月第 1 版　2024 年 8 月第 1 次印刷
开　　本　787×1092　1/12
印　　张　21
书　　号　ISBN 978-7-5013-8083-1
定　　价　260.00 元

白莲河水库全景　　徐匡华/摄

白莲河水库副坝、溢洪道　　徐水秋／摄

湖北白莲河抽水蓄能电站全景　　李茂/摄

白莲河灌区秋色　　华仁/摄

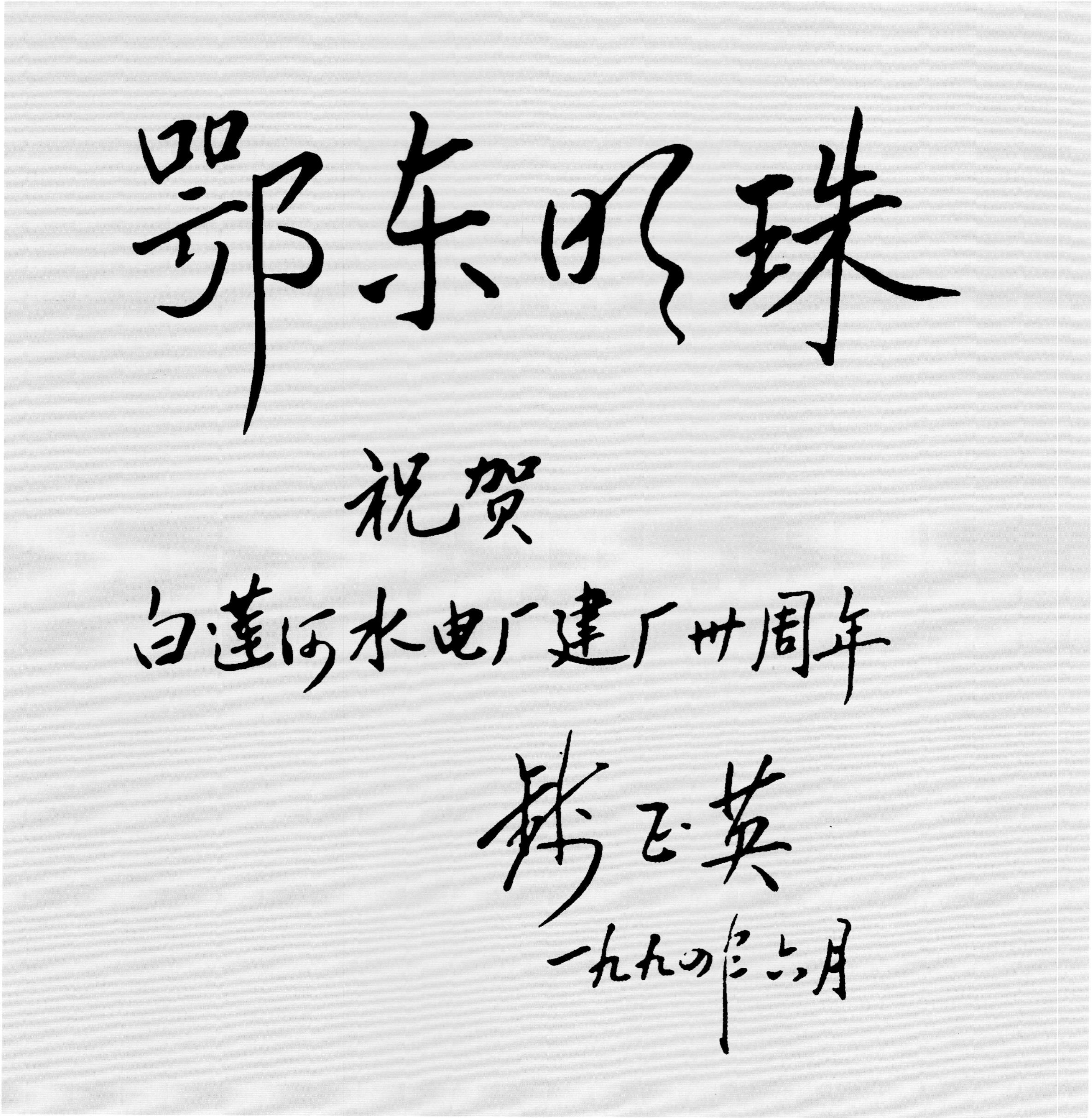

鄂东明珠

祝贺

白莲河水电厂建厂卅周年

钱正英

一九九四年六月

1994年，第八届全国政协副主席钱正英为白莲河水电厂建厂30周年题词

白莲河灌区秋色　　华仁/摄

浠水县白莲河灌区平面布置图

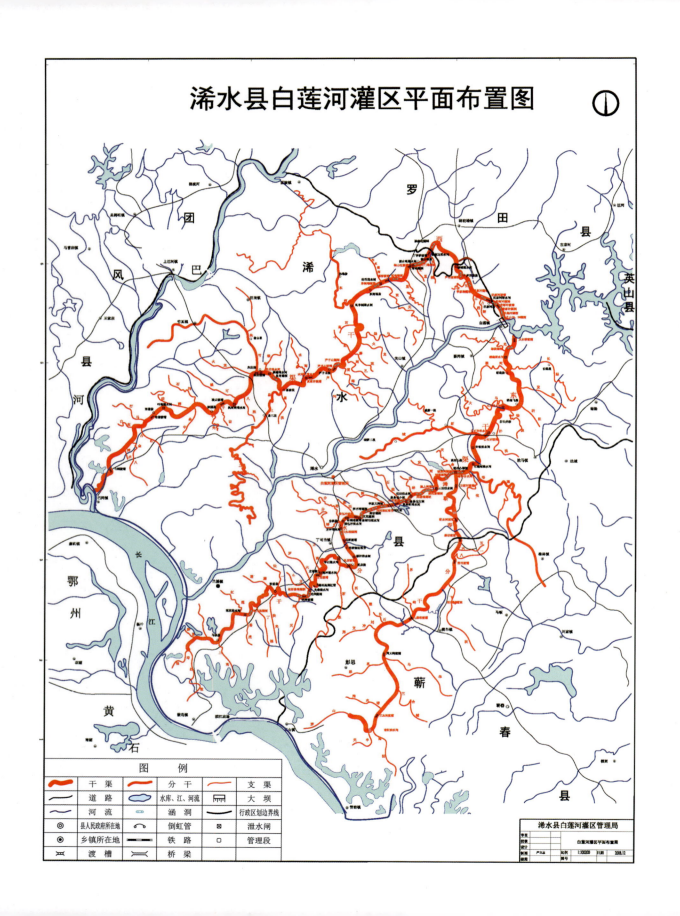

饮水思源

彭珮云

2021年，第九届全国人大常委会副委员长彭珮云为
《大地丰碑——白莲河水利枢纽工程建设纪实》一书题词

鄂东明珠

祝贺
白莲河水电厂建厂卅周年

钱正英

一九九四年六月

饮水思源

彭珮云

2021年，第九届全国人大常委会副委员长彭珮云为
《大地丰碑——白莲河水利枢纽工程建设纪实》一书题词

鄂东明珠

祝贺

白莲河水电厂建厂卅周年

钱正英

一九九四年六月

1994年，第八届全国政协副主席钱正英为白莲河水电厂建厂30周年题词

《大地丰碑——白莲河水利枢纽工程建设纪实（历史图片珍藏版）》

编纂委员会

主　　任：谢　慧　付坤兰

副 主 任：冯继安　郭金维　傅振国　李双喜　王能富

　　　　　景　城　瞿峥嵘　姜立新　陈　欣　郭小惠

成　　员：吴怀升　黄秋文

编辑部

主　　编：汪德富　李　毅

副 主 编：翟自然

编　　辑：李　毅　汪德富　翟自然　叶　青　周宏春

序

翻开这部厚重而精美的图册，历史风云扑面而来。一张张旧照片，记录了不可忘却的历史；一幕幕壮阔画面，浸润了先辈们的满腔赤诚；一桩桩大事，记载了工程建设者们的艰辛历程；一段段文字，记下了造就这颗"鄂东明珠"的苦难辉煌。

白莲河水利枢纽工程横空出世，奇哉，壮哉！它是一座流金淌银的富民宝库；是一座风景秀美的生态公园；更是一座风雨难蚀的精神丰碑。这座丰碑，是当代黄冈人创造的灿烂文化遗产。

这座丰碑，是靠战天斗地的实干精神筑起的。当年的决策者们，面对"赤地如焚、田地龟裂、荡然无收"的严重灾情而立志工程上马；顶着"围堰溃决、通知停建"的巨大压力而上书中央再上马；拖着疲倦的身躯，夜以继日，始终在工地现场指挥建设。尤其是十万建设大军，蜗居茅棚，餐风沐雨，自带米菜，迎着冰雪出，冒着酷暑干，伴着星辰归。工地上的钎锤声、打夯声、哦呵声、车轱声、炸石声震天动地。民工们肩挑背驮，左肩磨肿了，换成右肩；手掌起泡了，包扎再战；推车困乏了，席地而憩；身体受伤了，不下火线；肚子饥饿了，咸菜果腹。他们就是凭着这样一股激情如火的冲天干劲，逢山开路，遇水搭桥，搬掉一个个山头，凿开一处处隧道，筑起一层层坝基，架起一座座渡槽，挖掘一条条渠道，修起一栋栋厂房，用血泪与汗水凝成白莲河水利枢纽工程。

这座丰碑，是靠舍己为公的奉献精神垒起的。白莲河水利枢纽工程建设，涉及浠水、英山、罗田、蕲春等县的乡镇。主库区淹没面积61.3平方千米，淹没线内有10201户48741人，房屋46321间，耕地旱地47139亩。淹没区群众从1960年春开始，先后分三批通过后靠、近迁和远迁等形式移民。有的就近往洪水淹没线以上的山坡后靠安置，有的迁移到周边邻县及阳新，还有的迁移到更远的新疆。淹没区群众识大体、顾大局，在当时移民户按人均或每间房间补助50—80元政策的情况下，携家带口，牵牛赶羊，离开自己祖祖辈辈的故乡。人说故土难离，可是他们"舍小家，顾大家"，无怨无悔地支持国家建设。这是多么令人为之感动、为之赞叹的奉献之举！从水库主体工程建设到灌区干支渠系配套建设，除180名因公牺牲民工外，还有一大批因公负伤、因公致残的民工，他们的医疗费、生活费当时仅靠村级合作医疗和"三提五统"来补贴。水利伤残民

1

工们，理解政府，自食其力。这种奉献精神尤为珍贵。

这座丰碑，是靠克难攻坚的科学精神砌起的。修建这座超大型水利枢纽工程，先后遭逢国家"三年困难时期"财政的拮据、洪涝干旱交织的天灾、苏联撕毁合同与撤走专家的人祸，还碰到工程地质条件复杂的干扰。在这种情况下，工程指挥部领导、技术人员和参战民工紧密结合，自力更生，尊重科学，克难攻坚，创造了"薄心墙、陡坝坡、风化山皮土作坝壳的土石混合新坝型"的奇迹。水库抽水蓄能电站建设通过组织专家咨询，委托科研机构与参建单位工程技术人员一起深入研讨，反复试验，攻克了工程建设中F8断层处理、岩壁梁施工、预留岩坎拆除优化等一系列技术难题。无论是主体工程，还是配套工程建设，建设者们始终坚持以科技攻坚为引擎，战胜了一个又一个困难，取得了一次又一次成功，使白莲河水利枢纽工程以"千年一遇设计、万年一遇校核"的标准而屹立于鄂东大地。

这座丰碑，是靠人水共生的创新精神造起的。白莲河水库大坝主体工程建成以来，上级决策者、工程指挥者和建设者们与时俱进，从变水害为水利转换到人水和谐共生的治理方式，用创新精神统筹水资源、水经济、水文化、水生态、水环保的全方位综合治理和发展。从灌溉效益看，形成了以白莲河水库为"母库"，东、西干渠为动脉，中小水库和塘堰为基础的长藤结瓜式自流灌溉网络，从根本上改变了灌区过去"十年九不收"的状况，赢得万畴五谷丰；从防洪效益看，自从白莲河水库建成，先后经过1969年、1983年、1991年、2016年、2020年五次大洪水的考验，削减洪峰量均在50%以上，使过去"上游山洪毁堤破堰，下游洪流泛滥倒灌，田野农舍皆成泽国"的历史一去不复返；从发电效益看，白莲河电站和抽水蓄能电站分别投入运行后，在系统中担负着调峰、填谷、调频、调相和事故备用的重要功能，对于保护电网安全、城乡经济稳定运行具有十分重要的作用，为区域经济社会发展增添了永续不竭的能源；从养殖效益看，该库曾创网箱养鱼亩产的全国新纪录，当时国内外学习参观者络绎不绝；从供水效益看，水库使黄冈市区和浠水、团风城区及部分乡镇近两百万居民喝上清洁甘甜的优质水；从环保和文旅开发价值看，近年来，白莲河水库大力度开展拆除违建、治理污水和禁止养殖行动，久久为功，凤凰涅槃，先后获得国家湿地公园、国家级水利风景区、生态保护和绿色发展示范区的桂冠。相信白莲河水利枢纽工程的建设者和未来开拓者们，会将"鄂东第一库"建成与浙江千岛湖媲美的5A级旅游风景区，让白莲河精神不朽，使白莲之花惊艳于世、福泽万民！

王楚平

2023年10月

概　　述

　　白莲河水利枢纽工程是湖北省骨干水利工程。1958年秋动工兴建，1960年10月主坝拦洪蓄水。水库承雨面积1800平方千米，原设计总库容11.04亿立方米，占流域总蓄水量的82.6%，是一座以灌溉、发电为主，兼顾防洪、养鱼、航运综合利用的多功能水库。2002年水库除险加固，设计调整为总库容12.28亿立方米。

一

　　白莲河水利枢纽主体工程（主坝、副坝、溢洪道、白莲河发电站）位于浠河流域中游。浠河为长江中游北岸支流，位于大别山南麓，是黄冈地区的六大水系之一。该流域跨浠水、罗田、英山三县，历来水旱灾害频繁，尤以旱灾为甚，素有"十年九旱"之说。历史上每遇大旱，沙洲外露、田地龟裂、颗粒无收等情形总相伴发生，甚至出现饿殍载道的惨状。民国时期，江汉工程局曾派员查勘，虽提交了开发浠河的报告，却未能实施。中华人民共和国成立后，从整修塘堰入手，发展水利，1957年流域总蓄水量达1.1亿立方米，比1949年增长36%，但未能从根本上改变流域落后的水利面貌，人们迫切希望开发浠河资源，发展灌溉事业。

　　20世纪50年代中期，鄂东钢铁冶炼及地方工业发展迅猛，迫切需要电力。1956年冬，湖北省人民委员会（以下简称"省人委"）向电力工业部武汉水利发电设计院提出勘测浠水白莲河的要求，该院两次查勘后证实浠水具有优良的梯级开发条件。白莲河工程不仅具有发电、灌溉、防洪等水利综合效益，而且距武汉冶电力系统输电线路近，投资少。省人委据此上报工程计划，国家计委将该项目列入国家第二个五年计划，确定浠河流域为鄂东第一个开发目标，并制订四级梯级开发方案，白莲河水利枢纽工程被列为第一期开发工程。

　　该工程由原电力工业部武汉水利发电设计院（1958年10月迁长沙，更名为水利电力部长沙勘测设计院）勘测、规划与设计，由湖北省水利厅工程二团、四团及浠水、罗田、英山三县民工施工。1958年8月，在技术力量不足，施工设备、材料十分缺乏的情况下，工程仓促上马。由于劳力未按计划上齐，清基未到基岩，导流涵渠施工未达到设计标准，过水能力不足，加之遇上1959年2月春汛早临，猝不及防，最终导致上游围堰被洪水冲毁，直接经济损失达95万元，迫使主体工程停工。

1959年秋，鄂东大旱，浠水县虽组织17.5万人抗旱，但粮食减产仍达4.5万吨，客观情况再次说明兴建水库的必要性。同年10月30日，省人委决定正式复工。1960年7月，主坝填筑至脱险高程，时值我国国民经济困难时期，国家计委根据缩短基本建设战线的精神，通知工程停建。工程指挥部负责人当即申述不能停建的理由，中南局和湖北省委决定继续施工。但同年10月，国家计委再次催促工程下马，省委复以浠水农田灌溉用水亟待解决、工程具有综合利用优势，以及下马经济损失过大等理由请示中央，后获国家计委批准，并增拨施工经费840万元，白莲河水利枢纽工程才得以顺利竣工。

二

白莲河水利枢纽工程初步设计阶段，确定开发目标以发电为主，1959年秋，改为以灌溉、发电为主，兼顾其他综合利用。原定正常高水位102米，增加灌溉任务后改为104米。主坝防洪标准原定为百年一遇设计，千年一遇校核。1964年部颁标准定为千年一遇设计，万年一遇校核。

主坝坝址两岸高山对峙，河谷狭窄，地质条件良好。枢纽工程除主、副坝外，还包括电站、发电隧洞、溢洪道、东西干渠灌溉管。枢纽总体布置充分利用了有利的自然条件，布局比较合理。

工程建设基本上是按照基建程序进行的。施工期间，对原设计方案曾作多处修改，如坝壳填料，原设计全部用河沙，后改用主坝两岸花岗岩风化料及碎石、块石，不仅节省了施工劳力，而且改善了施工条件，增强了坝坡稳定性。类似的变动均较原设计更为合理。在施工中不断改进设计，使设计更切合实际，是该工程建设的一大特点，也是工程能按设计目标发挥效益的基本原因。

1959年2月围堰溃决的教训使人们深刻地认识到，水利建设如果不按客观规律办事，不尊重科学，将会导致严重的恶果。因此，1959年复工后，工地十分重视工程的计划安排和施工质量。工程指挥部根据每一施工阶段的特点，充分考虑工程的质量、安全和进度，提出了具体的施工要求，提供了可行的技术措施。

工程指挥部党委自始至终把思想政治工作放在首位，注意调动人的积极因素。大地冰封、朔风刺骨的严冬，在浠水、罗田、英山三县县委和人民群众的大力支持下，白莲河水利枢纽建设者靠自力更生、奋发图强的精神，苦干实干，土法上马，建成了一座坝顶长259米、最大坝高69米的黏土心墙土石坝。该坝运行迄今60余载，未出现漏水及其他异常现象。尤其是1969年7月中旬，出现百年一遇特大洪水，入库洪峰达每秒7491立方米，库水位达106.15米，主坝仍安然无恙，证明其质量确实是好的。至1964年，枢纽其他工程相继完成。该工程不仅施工进度快，质量好，造价低，为湖北省所闻名，而且在施工中培养了一大批管理、技术人才。

白莲河水利枢纽主体工程主要由国家投资兴建，国家总投资5000.77万元。总计土方162.55万立方米，石方84.01万立方米，耗用钢材1452.03吨，水泥1.87万吨，木材1.13万立方米。总共投入860.6万个工日。

灌溉工程由灌溉受益县组织劳力兴建，资金大部分由地方筹集。国家提供部分爆破所需的炸药、钢钎等物资。数万民工在地、县委的领导下，靠两只手和简易的施工工具，凿壁穿岩，劈山开渠，跨壑飞虹，共开挖出东、西两大干渠，全长243.6千米（其中浠水境内193千米）；总计建渡槽46座，隧洞379座，倒虹管44座，全长47315.8米；灌区

支渠、斗渠、农渠及分水闸、泄水闸等其他水利建筑物，星罗棋布，施工规模及工程量之大，为黄冈地区历史所罕见。

三

白莲河水库属多年调节水库，调节性能好。水库运行过程中，管理单位曾将主、副坝心墙加高，主坝下游边坡培厚改缓，导流涵渠堵头加固，并增建一座自溃土坝非常溢洪道，大坝基础帷幕灌浆，大坝上下游砼护坡、大坝反滤设施改造及加固、第一溢洪道加固、第二溢洪道新建改建，现防洪能力有所提高，可达千年一遇设计，万年一遇校核。

白莲河水库调度运用涉及面广，故防洪与水利、发电与灌溉，以及上下游之间均存在一定矛盾。为了解决这些矛盾，不同时期防洪调度和水利调度各有侧重。防洪调度，主汛期以确保主坝安全为主；前、后汛期，充分利用防洪库容，为下游削减洪峰，尽量减免下游夏秋农作物的洪灾。水利调度，灌溉季节，首先保证灌溉用水，其次满足发电需要；非灌溉季节，水库蓄足一定水量后，按发电要求运用。水库运行60年来，在防洪、灌溉、发电、供水等方面，取得了较大

的效益。

60年来，总共提供灌溉用水93.9亿立方米，年均供水量超过原设计的2.1倍，最高年灌溉面积达50.5万亩（其中浠水县占42万多亩）。多年年平均灌溉用水量1.82亿立方米。白莲河水库建成后，灌区长渠穿山岗，库水顺渠流，火龙变水龙，沙滩成绿洲，柳荫掩阡陌，村村添新楼。

坝后电站属国家"二五"计划重点项目，是湖北省最早投产的中型常规水电厂，总装机容量为4.5万千瓦，设计年发电量为1.03亿千瓦·时。1964年7月9日，首台机组正式并网发电。至2020年底，累计发电15.35亿千瓦·时，年均发电量为7000万千瓦·时。该电站担负湖北电网调峰、调相和事故备用任务。

抽水蓄能电站，白莲河水库是其下库，装有4台30万千瓦可逆式抽水蓄能机组，总装机容量为120万千瓦，设计年发电量为9.67亿千瓦·时，年抽水耗电量为12.89亿千瓦·时，以500千伏电压等级接入系统。2005年8月1日，主体工程正式开工，首台机组于2009年9月投产。2010年底，4台机组全部投入商业运行。在系统中担负着调峰、填谷、调频、调相和事故备用等任务，对于消纳风电等间歇性可再生能源，保障电网安全、经济、稳定运行具有十分重要的作用。

白莲河浠水大水厂于2011年10月立项。2013年3月主厂房开工建设。2014年8月正式向城镇居民供水，日供水量为5.69万立方米，年供水量为0.21亿立方米。

鄂东水厂总投资为15.59亿元，2020年8月6日动工，工期3年，建成后每天可从白莲河水库取水55万立方米，作为黄冈城区主供水源，同时，向团风县的城区及北部乡镇、浠水县的巴河、竹瓦、团陂等乡镇供水。这些地方以前多从长江取水，白莲河水库水质常年保持在Ⅱ类以上，2023年11月，当地数十万居民已喝上优质水。

白莲河水库自1960年蓄水以来，调蓄入库洪峰流量超过每秒1000立方米的洪水40场次。其中入库洪峰流量超过每秒2500立方米的洪水有22年36场次，入库洪峰流量超过每秒3000立方米的洪水有13年18场次，入库洪峰流量达到或超过每秒5000立方米的洪水有4年4场次。经过水库调节后，削减洪峰56%以上，减淹农田累计达200多万亩。水库的调蓄作用，大幅度削减了洪峰，减轻了下游的洪水灾害，发挥了巨大的防洪减灾作用。水库建成后，浠河流域曾经每遇大水，

上游山洪直下，毁堤破堰，下游江水顶托，洪流倒灌，田园农舍，皆成泽国的状况，一去不复返。

白莲河水库水面大，溶氧充足，天然饵料丰富，该库在20世纪80年代是黄冈地区第一个人工繁殖鱼苗成功的试点，曾创网箱养鱼亩产2.7万千克的全国新纪录。国内外慕名前来参观访问者达千余人。

白莲河水利枢纽工程综合效益显著，为振兴鄂东经济、促进鄂东工农业发展、改善灌区生态环境，发挥了巨大的作用。

四

白莲河水利枢纽工程于1958年8月10日正式开工，1960年10月6日水库开始蓄水，1961年7月15日第一次开闸放水。1964年7月9日，首台机组正式并网发电，运行60年来，其管理机构几经变革：1960年1月26日成立白莲河水库管理处；1971年12月管理处与电厂合并，成立白莲河水库管理局；1979年3月2日，白莲河水库管理局水、电分开，设白莲河水库管理处和白莲河电厂；2011年9月28日，白莲河水库管理处更名为白莲河工程管理局；2015年5月24日，成立黄冈市白莲河国家湿地公园管理处，与白莲河工程管理局"一套班子，两块牌子"合署办公；2019年6月4日，设立黄冈市白莲河生态保护和绿色发展示范区管理委员会，作为市政府派出机构，机构规格为正县级，加挂湖北黄冈白莲河国家湿地公园管理局和黄冈市白莲河工程管理局牌子。

60年风雨，60年艰程，白莲河人坚持"绿水青山就是金山银山"的理念，坚持生态优先、绿色发展，以水而定、量水而行，因地制宜、分类施策，上下游、干支流、左右岸统筹谋划，共同抓好大保护，协同推进大治理，着力加强生态治理、生态修复和生态保护。白莲河人近10年的久久为功，使白莲河库区扭转了"脏乱差"的局面，自然生态得到修复。2014年12月31日，白莲河水库获批开展国家湿地公园试点建设；2016年8月31日，获批国家级水利风景区；2019年12月25日，获批为国家湿地公园。

目 录

工程建设

　　白莲河水库位于长江中游北岸支流浠河中游，控制流域面积达1800平方千米。白莲河水利枢纽工程由原电力工业部武汉水利发电设计院勘测、规划与设计。1958年8月10日，枢纽工程开始动工兴建。建设内容包括：施工导流、主坝工程、副坝及溢洪道工程、灌溉工程、电站工程以及灌区配套工程。

  白莲河水利枢纽工程，由原电力工业部武汉水利发电设计院（以下简称"武汉院"）勘测、规划与设计。1958年2月，武汉院副总工程师胡慎思同该院306地质勘测队队长张文质等到白莲河，会同武汉院院长李善民、副院长张一彭、地质工程师刘帮良等人，沿白莲河坝址、溢洪道及发电隧洞路线实地查勘，确定枢纽工程总体布置原则。5月，武汉院306勘测队完成《浠水流域查

勘规划报告》，制定英山、白莲河、蔡家河、皮家河（110千米河段内）四级梯级开发方案。6月，武汉院提交《湖北省白莲河水电站初步设计要求报告》。8月，武汉院的王三一、李玉龙等工程师来到工地，组成以王三一为组长、李玉龙为副组长的设计代表组。正式技术设计是在施工过程中进行的，主体工程接近完工时，按施工实况补编技术设计书。东西干渠渠首，在枢纽工程施工的同时，进行勘测、设计、施工。渠系工程在边设计、边施工中完成。

白莲河水利枢纽工程建设前主坝坝址全景

武汉水利发电设计院设计代表组在白莲河查勘坝区地形、地质和地貌

武汉水利发电设计院设计代表组在白莲河坝区勘测、收集水文资料

◆ 施工导流 ⌄

　　白莲河水利枢纽主坝工程导流，采用主坝左岸涵渠一次导流方案。导流建筑物按Ⅰ级标准设计，围堰挡水高程及涵渠泄水能力按20年一遇洪水设计。工程开工后，首先进行上下游围堰施工。1958年11月10日，上、下游围堰合龙，导流明渠通水。上游围堰共填筑沙土、风化料31万立方米；下游围堰长100米，填筑沙土、块石6万立方米。

　　1959年2月，上游围堰被洪水冲毁，迫使主体工程建设暂停。1959年10月工程复工后，继续

开挖涵渠，11月涵渠第二次通水使用。竣工后的涵渠全长262米，其中渠身段长230.5米，进口段导墙长19.35米，出口段导墙长22.15米。

　　1960年4月下旬，主坝回填至79米高程，涵渠导流任务完成后，开始着手准备封堵涵渠。涵渠封堵分两步进行，第一步在涵渠进口堵口截流（临时封堵）；第二步在涵渠内部，将临时封堵处至心墙部分堵塞（永久封堵）。临时封堵采用定向爆破堆石堵口方案进行。

主坝导流涵渠爆破施工

主坝上游围堰施工

主坝导流涵渠施工

主坝导流涵渠施工测量

主坝防渗墙、导流涵渠施工现场

导流明渠堵口现场

1958年11月，上下游围堰合龙，导流明渠通水

1958年8月10日，水利枢纽工程开工，浠水、罗田、英山三县共计5.1万民工奋战在白莲河水库工地。图为修筑水库大坝场景

1958年9月24日，苏联专家考尔涅夫、巴尼科夫同水利电力部工程师郑乃阳、黄宗庭，湖北省水利厅副厅长涂建堂、工程师毛维超，武汉院工程师王三一及浠水县副县长徐斌等一行在库区考察

　　1959年2月11日，在坝基抽槽工程结束，心墙进入全面回填之际，气候突变。坝区上游出现暴雨，山洪暴发，围堰上游水位猛涨，导致围堰溃决，造成直接经济损失95万元，工程被迫停工。

1959年春节（2月8日），罗田民工团指挥部干部职工家属在围堰上游留影

1959年2月15日，上游围堰溃口

围堰溃口现场

◆ 主坝工程 ⌄

　　1959年10月，白莲河水利工程复工后，开始修建拦河主坝。主坝工程包括基础处理、心墙回填、坝壳填筑等。1960年10月，主坝建成。建成后的主坝最大坝高为69米，坝顶长259米，坝顶宽8米，坝底宽271米。上游坝坡平均坡度1：30.1，设有五道平台；下游坝坡平均坡度1：1.95，设有两道平台。上下游坝面在89米高程以上均用块石干砌护坡，与坝体稳固结合。

清基抽槽

　　1959年12月，主坝工区成立抽槽指挥所，组织浠水县十月、汪岗、团陂、关口四地民工团7000名民工，承担清基抽槽任务，并从汪岗团挑选700人，组成突击营，担任水下捞沙及龙沟维修养护工作。12月5日，开始主坝清基抽槽，历时18天完成清基抽槽任务。整个基坑呈梯形深槽，长150米、宽45米、深12米，边坡1：3，坑基总面积约2万平方米。

1959年12月，主坝清基抽槽动员大会会场

主坝清基现场

罗田县匡河公社党委副书记王伯恩（右一）在清基抽槽工地

主坝清基排水

基坑排水

1959年冬，民工在水中清基

清理围堰内河沙覆盖层

民工用水车车水清基排沙

主坝基坑水车排水

主坝清基抽槽施工

枢纽工程指挥部领导和技术人员在工地现场指导

主坝抽水清基

主坝基坑排水

1959年12月，主坝清基抽槽现场

主坝回填

1959年12月23日，主坝清基完成后，主坝心墙开始局部回填。1960年1月30日，填平河床。2月1日，开始大面积回填。

主坝心墙用黏土作填料，黏土主要取自长岭岗黏土场。黏土场于1959年11月1日开工，首先拆除长岭街，然后修筑运土道路、开挖排水沟、清除覆盖层，25日开始取土运土。黏土主要靠双线木轨斗车运输。

主坝心墙回填黏土共计14.93万立方米，最高日进土方2585立方米。竣工后的心墙顶部高程108.6米，底层最大宽度25.3米。

主坝上游坝壳70米高程以上，下游坝壳95米高程以上用风化料作填料，共计回填土石方131.88万立方米。

技术员为主坝坝型放线

1959年12月，民工们在冰天雪地里施工

取山坡土

女民工挑土回填

肩挑、车拖运土

围堰拆除

风钻机打炮眼

风钻机打炮眼炸石

挥锤打炮眼

爆破取土运土

绿杨民工团铁姑娘爆破凿石

1960年4月23日，定向大爆破封堵明渠

齐心协力撬搬巨石

1958年12月，浠水县委书记、白莲河水利枢纽工程指挥部指挥长唐玉金（前一）在工地

1959年，全国劳动模范、十月大队党支部书记饶兴礼（前）在工地

1959年11月，工地劳模、关口民工团夏桂英（前）和王洪波（后）在工地

独轮车队运土

耕牛拖车运土

长岭岗黏土场取土

民工团干部工作会

工程技术人员现场指导施工

黏土场运输轨道

兰溪民工团民工运土

夫妻推车运土

1959年10月22日，白莲河水利枢纽工程副指挥长蔡光耀在长岭岗黏土场工地

浠水民工团洗马分团政委李思元（前一）与民工一起用轨道车运土

1959年11月，兰溪、洗马、竹瓦、汪岗民工团用斗车运土

1959年10月工程重新上马，黄冈地区供销社车队抽调4台嘎斯车运土

民工在黏土场分类处理黏土

打碛压实心墙

工地女子打硪队

打飞碾

主坝核心墙浇筑

主坝施工现场

主坝施工现场

主坝心墙填筑至52米高程采用机械碾压

机械检修

制作绞盘车

施工工具制作、维修

洗马、巴河、十月民工团在指挥部互下战书

工地广播站

1959年，民工欢度春节

民工举重锻炼

建成后的水库主坝

◆ 副坝及溢洪道建设

白莲河水库副坝位于主坝上游2千米的垭口，与溢洪道毗边。副坝工程计用劳力12.1万个工日，开挖土石方7.8万立方米，心墙填料土8600立方米。坝型、施工步骤、质量要求均与主坝相同，心墙材料仍采用长岭岗黏土场黏土。竣工后的副坝坝顶高程111米，最大坝高26.5米，顶长92米，顶宽8.64米。

白莲河水库溢洪道，为有闸控制陡坡鼻坎挑流式，共8孔，因右侧2孔石方开挖量过大，施工过程中，将原设计改为宽顶堰，其余6孔仍为溢流堰。堰顶高程提高到98米。水库正常水位104米时，溢洪道8孔泄洪能力为每秒2169立方米。

第二溢洪道于1976年12月开工，1980年9月竣工，总土方31.2万立方米，总标工104万个，总投资131万元。它采用黏土斜墙坝，坝长130米、坝顶宽10米、坝底宽65米。第二溢洪道是现在运行的非常溢洪道，2007年完成改造。

工程技术人员在讨论溢洪道施工方案

副坝、溢洪道施工

第二溢洪道全景　　徐水秋/摄

　　第二溢洪道：1976年12月增建非常溢洪道（自溃土坝），2002年12月除险加固后将其改建成闸控式溢洪道。2007年完成改造为四孔闸控式。2020年第二溢洪道首次泄洪。

建成后的溢洪道

◆ 灌溉工程 ⌄

　　白莲河灌区工程，包括库容11.04亿立方米的水库1座，装机容量4.5万千瓦的水电站1座。东西两大干渠，全长243.6千米（其中蕲春境内50.6千米）；支渠、斗渠、农渠、毛渠721条，长1915千米；隧洞512个，长27186米；渡槽30座，长4208米；倒虹管25处，长6160米；串连中小型水库36座、塘堰30174口。白莲河灌区形成以白莲河水库为"母库"，东西干渠为动脉，中小型水库和塘堰为基础的长藤结瓜式的自流灌溉网，使浠水县56.5万亩农田旱涝保收。整个工程历时8年，高峰时民工近10万人。1966年1月，灌区工程图片在北京农业展览馆展出。

东干渠工程

　　东干渠起于副坝左侧渠首，经蔡河、洗马、十月、马垅、兰溪等区镇，全长100千米。年平均输水量7000万立方米，灌溉面积24万亩（含蕲春10万亩）。

东干渠渠首施工

东干渠渠首施工

绿杨民工团女石匠在东干渠渠首打眼凿石

东干渠灌溉管出口

东干渠大水桥渡槽，净高32.1米，长256米。1961年7月15日首次放水

大水桥渡槽全景

蔡河区大马四大队鸦雀飞送水渠

东干渠盘山渠一段

东干渠里店渡槽长672.85米。1965年2月开工，8月底竣工

九棵松渡槽，1966年3月动工，1969年5月竣工，全长2478.88米　孔小红/摄

　　西干渠自主坝右侧经罗田县西南的骆驼坳入浠水县境内，经浠水县的关口、团陂、汪岗、竹瓦、十月、巴河等区镇，沿浠、巴两水分水岭向西南延伸，尾水从巴河注入长江，全长93千米，年平均输水量9500万立方米，灌溉面积28万亩。

工程技术人员在西干渠首施工现场测量放样

西干渠引水涵管施工现场

沈家河倒虹吸管位于西干渠首段，全长512米。1960年10月动工，1961年5月竣工，1983年改建为渡槽

沈家河倒虹吸管施工

　　1981年12月，沈家河渡槽由浠水县水利局负责动工修建，1983年12月竣工，取代原倒虹吸管。图为沈家河渡槽槽身吊装

西干渠沈家河渡槽建成通水

西干渠首段龙潭冲盘山渠

东树坳隧洞位于西干渠的太平、大灵两地交界处，全长912米。1961年11月10日隧洞打通

东树坳隧洞进水口

东树坳隧洞出水口

◆ 电站建设 ⌄

浠水县境内东北高，西南低，丘陵起伏，河溪纵横，长10千米以上的河流有64条。年平均降雨量为1339.2毫米，分别流入巴河、浠河、蕲河、策湖、望天湖，水利资源理论蕴藏量为3.5万千瓦，可开发利用的水力资源十分丰富。浠河规划为四级梯级开发。

白莲河水力发电站

白莲河水力发电站为引水式水电站，位于白莲河水库主坝左端，由引水隧洞、发电厂房、变压器平台及开关站等部分组成，是浠河干流梯级开发第一级电站。1958年8月，电站与主坝同时开工，1962年电站厂房竣工，共安装3台单机1.5万千瓦机组，年平均发电量7000万千瓦·时。

电站引水隧洞施工

1960年1月，庆祝电站引水隧洞打通

电站引水隧洞出水口

1958年11月，白莲河水利枢纽工程指挥部浠水分部劳动模范在发电站引水隧洞出口合影

1964年9月，白莲河水力发电站正式发电。图为发电厂厂房外景

1963年1月19日，白莲河电站尾水交通桥建成

白莲河二级水力发电站，位于白莲河水力发电站下游7千米的关口镇长流村，是浠水干流梯级开发的第二级电站，站型为河床式。总库容750万立方米，正常发电水位55.1米，新河道和拦河闸过洪流量均按20年一遇洪水设计，200年一遇洪水校核。电站设计水头10米，引用流量每秒76.8立方米，装机4台，每台1250千瓦，总容量5000千瓦，年平均发电量1421万千瓦·时。1970年7月动工，1975年5月，1号、2号机组运行，1977年5月，3号、4号机组运行。

1971年2月，治河工地领导介绍工程情况

二级电站工地

河道施工

开挖主河道时民工卸土

河道改造施工

河道砌护坡

砌护坡

工地动员会

拦洪闸墩基础浇筑

1975年7月，拦洪闸安装工作桥

1975年7月，发电厂房安装水轮机

发电厂房内景

发电厂房、拦洪闸外景

白莲河四级水力发电站，位于清泉镇东门河村周家湾，上至白莲河二级电站20千米，是浠河梯级开发的第四级闸控河床式电站。设计总库容850万立方米，设计水头6.2米，最高水头7.8米，最低水头4米；引用流量为每秒131立方米，装机组3台，其中2500千瓦2台，800千瓦1台，总容量5800千瓦，设计年发电量2000万千瓦·时。河道、拦河闸过洪标准，均按20年一遇洪水设计，200年一遇洪水校核。

技术人员在测量

1976年6月，民工在九龙窝至李家墩裁弯取直工地施工

板车运土

里店民工团在工地学习

工地动员会

1985年3月9日，湖北省人大常委会主任韩宁夫（左一）带领专家学者视察四级电站，浠水县委书记吴祖明（左三）陪同

加固前的四级电站拦河闸外景

小水电建设

浠水县河溪纵横，水力资源丰富。1956年11月，县水利局派人去四川，学习小水电建设专业知识。1957年8月在阎河岑家湾始建引水电站；1960年建白洋河水电站；1961年建团陂大屋咀水电站。随后在全县普遍开发水力资源，先后建成绿杨电站、沈家河电站、象鼻咀电站、余家堰水库发

白洋河水库位于关口镇鹦鹉山下的白洋河，是一座以灌溉为主，防洪、发电、养殖等综合利用的中型水库，承雨面积21.4平方千米，库容2403万立方米，灌溉面积4.07万亩。枢纽工程由大坝、副坝、溢洪

电站、断石河水库发电站、堰上塆水库发电站等一批小水力发电站。1987年底，全县有电力灌溉站248处，装机272台15636千瓦，其中装机100千瓦以上电力灌溉站有26处。灌溉面积17.77万亩。

道、输水管及电站组成。1974年在白莲河西干渠蔡桥渡槽出口500米处的回归庄，建蔡桥隧洞，引白莲河水灌库。图为白洋河水库全景　　徐水秋/摄

白洋电站厂房外景

白洋电站厂房内景

沈家河水电站厂房外景

寡妇桥水电站全景

◆ 白莲河灌区配套工程

　　白莲河水利枢纽工程建成后，浠水县开始实施以小流域为单元的山、水、田、林、路综合治理。全县范围内开展声势浩大的治山、治土、治水工程，包括田间渠网化、坡地田园化、山区坡改梯、荒山植树造林等，有利于实现农田耕作制度的改革，优化农业生产结构和布局。在此期间，全县建成大、中、小型水库67座，开挖修复塘堰累计48342处，年蓄水量1.5亿立方米，开挖渠道3840千米，年拦蓄流失沙土共计35万立方米。

　　1972年10月，浠水县委书记张长春（左五），副书记侯丹桂（左六）、张永峰（左三）、王定远（右三）、潘知（左四）、徐映初（右一）、谢选卿（右后站立者），县委委员胡可银（右二）、陈玉莲（左二）、毛菊元（右五）等领导研究浠水县水利发展规划

1973年12月，中央政治局委员、山西省昔阳县大寨大队党支部书记陈永贵（左一）在浠水朱店公社一大队参加农田水利建设劳动

武汉下乡知识青年、十月大队党支部书记张克难（右）参加"三治"（治山、治水、治土）劳动

146

汪岗公社前进大队社员修渠道

洗马河长12.5千米，贯穿骆家畈、蕲阳畈等千亩大畈。河道弯曲窄小，排水不畅。1973年至1977年农闲季节，洗马公社组织万人会战，裁弯取直，开挖新河道9.5千米，回填老河道长5.5千米，扩大耕地面积1475亩，共完成土石方269万立方米。图为洗马河治理施工情景

1968年至1974年，十月区组织群众，综合治理新铺河，共完成土石方55.8万立方米，投工7万个。图为新铺河治理工地场景

柴家河长7千米，河道弯曲，遇到大水，行洪不畅，泛滥成灾。1975年冬，望城区回填老河道5千米，开挖新河道6.5千米，共完成土方30万立方米。图为柴家河开挖新河道现场

汪岗公社陈庙河治理工程现场

毛畈堤因长期失修，常闹水患，1954年至1956年间，先后被洪水冲断16次，溃口23次。1970年，团陂公社组织1万劳力，历时2个月，加固培厚，堤身加高至历史最高洪水位1米。图为施工现场

　　1973年"冬播"结束后，巴河公社治湖工程开始上马。在和平港、巴驿港两边建拦水堤，在虎头山（海子地北边1.5千米处）合并为一条送水港。1975年春，上泵站竣工，开始投入使用。1976年下泵站动工兴建，1978年春使用。图为巴河望天湖治理工程施工现场

余家河上接倒旗河，下至张家河，全长3.5千米。河道弯曲狭窄，河水常泛滥成灾。1974年开始移河改道。图为余家河开挖新河道施工现场

汪岗公社前进大队社员参加农田治理改造

1977年5月，洗马公社丰收大队的"铁姑娘"参加"三治"劳动

望城公社长丰大队党支部书记杨长林（左三）、副书记方强（左一）在治理脚盆底农田水利工地劳动

1972年7月，关口公社星光大队党支部全体党员在"三治"工地学唱"革命样板戏"

工程效益

　　白莲河水库是一座以防洪、灌溉为主，兼顾发电、供水、旅游等综合利用的多功能水库。建库60多年来，为振兴鄂东经济、促进鄂东工农业发展、改善灌区生态环境，发挥了不可替代的作用，产生了巨大的经济效益和社会效益。

　　白莲河水库灌区主要受益区有浠水、蕲春两县的17个乡镇。水库运行60多年来，总共提供灌溉用水93.9亿立方米，年均供水量超过原设计的2.1倍，最高年灌溉面积达50.5万亩（其中浠水县占42万多亩），最大限度地保证了灌区农业用水，实现了灌区粮食的稳产增产。

汪岗公社前进大队党支部书记邱宏祁（左三）和农技员一起精选小麦种子

朱店公社八大队梯田一角

望城区十月大队社员薅秧田

望城区十月大队第四生产队社员收割早稻

望城区十月大队第一生产队社员挑稻子

1976年，"双抢"时节，望城区十月大队社员抢收抢插情景

水稻丰收，社员在稻场脱粒堆垛

全县粮食大丰收，社员交售爱国粮

汪岗公社前进大队社员交售爱国粮

朱店公社八大队社员喜收早稻，交售爱国粮

1971年，浠水县粮食大丰收

汪岗公社前进大队社员分口粮

1959年10月1日，浠水县商业局组织特色干鱼产品向国庆十周年献礼

173

灌区棉农翻晒新棉

晒油菜籽

175

社员分菜油

汪岗公社前进大队蚕茧丰收

武汉下乡知识青年在汪岗公社前进大队养蚕场合影

团陂区黄泥公社建新大队茶场姑娘喜摘新茶

竹瓦公社跃进大队社员为烟叶洒药除虫

二级电站柑橘丰收

绿杨乡竹林

白石山养鸡场一角

184 滨江良种场即将出栏的供港生猪

1978年12月19日，全国网箱养鱼经验交流会在白莲河水库召开，图为中央新闻记录电影制片厂在白莲河水库拍摄《白莲河水库网箱科学养鱼大丰收》纪录片

白莲河水库是20世纪80年代黄冈地区第一个人工繁殖鱼苗成功的试点，曾创网箱养鱼亩产2.7万千克的全国新纪录。图为鲜鱼收获场景

1964年7月，渠水管理员抗旱留影

1978年，浠水钢管厂为抗旱赶制抽水钢管

　　1978年8月开始，灌区大旱126天，水库水位下降到90.5米，在停止发电的情况下，仍不能满足灌溉需要。10月26日，库水位下降到建库以来最低水位86.5米。省革委会副主任韩宁夫及地、县领导到白莲河水库指导抗旱，并从武钢调来15吨进口钢板，制成钢板围堰，架15台100千瓦以上电动机，抽库水至干渠，72天总共抽水0.98亿立方米。图为1978年9月，白莲河水库机械抽水抗旱场景

1978年9月，白莲河水库提库水抗大旱

1978年，关口公社长塘湖抽水抗旱

白洋河水库抽水抗旱

汪岗公社前进大队电力排灌站

东干渠灌区兰溪后湖泵站

西干渠灌区望天湖泵站泵房进口

西干渠灌区万寿泵站

◆ 防洪效益

　　白莲河水库自1960年蓄水以来，调蓄入库洪峰流量超过每秒1000立方米的洪水40场次。其中，入库洪峰流量超过每秒2500立方米的洪水有22年36场次，入库洪峰流量超过每秒3000立方米的洪水有13年18场次，入库洪峰流量达到或超过每秒5000立方米的洪水有4年4场次。经过水库调节后，削减洪峰56%以上，减淹农田累计达200多万亩，极大保障了下游工农业生产和城乡居民生命财产安全。

溢洪道首次泄洪

白莲河水库泄洪

二级电站泄洪

徐水秋/摄

　　2020年，黄冈市境内先后出现5轮强降雨过程，降雨量超过历史同期水平，7月6日14时30分，白莲河水库同时开启十孔泄洪，为水库建成60年来首次，最大泄洪流量达到每秒3328立方米。图为泄洪场景

20世纪70年代，县办工业发展迅速，乡镇工业异军突起。到1987年，浠水县工业初具规模，有县属全民所有制工业企业53户，集体所有制企业253户。机械压力机、轴承、毛巾、铁锅、饮料、酒等工业产品成为浠水县的优势产品，其中部分产品进入国际市场。

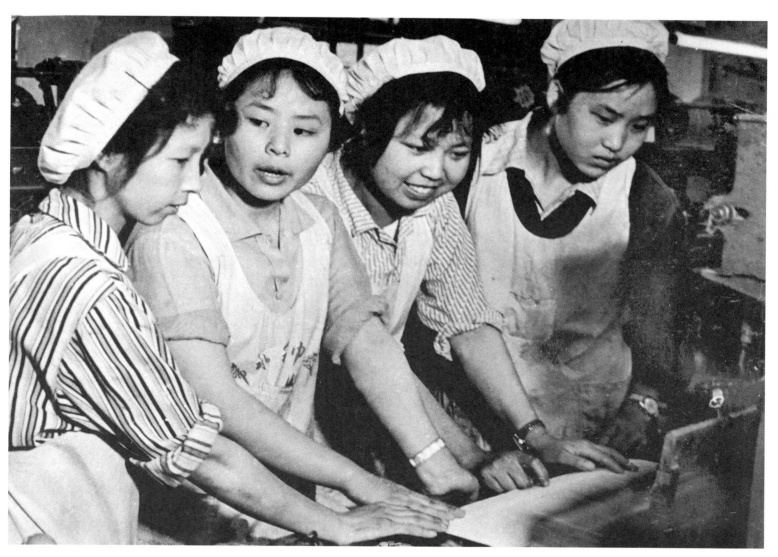

浠水毛巾厂位于清泉镇双桥南路，厂区面积81000平方米，其前身系浠水火柴厂、浠水卷烟厂。1979年转产，1980年7月开始试制毛巾，同年10月，投入批量生产。1987年有职工860人，主要产品有提花、印花、割绒3大类，有毛巾、毛巾被、枕巾、浴巾、沙发巾、方巾等30多个品种，150多种花色。图为该厂织花车间技术能手交流经验

　　浠水铸造厂，其前身是洗马畈的8家私营锅棚，厂址在洗马畈西山庙。1958年6月，迁入县城，并入县机械厂。1968年，迁至清泉镇沿河大道，年铸铁锅100万口。1979年3月，该厂被中共湖北省委、省革委会命名为"大庆式企业"。1981年7月，生产的"大别山"牌铁锅被评为全国优秀产品，销往国内和国际市场。图为职工检验"大别山"牌铁锅质量

　　浠水氮肥厂，1965年由黄冈专区在浠水县兴建，是湖北省三家重点化肥生产企业之一，1972年3月，移交浠水。1975年起，经过4次技术更新改造，年生产能力1.5万吨合成氨，后经国家计委批准，投资改造为年产4万吨尿素厂。2016年12月，有52年历史的浠水化肥厂停产关闭。图为厂区外景

　　白莲河铝厂创建于1970年9月，隶属原黄冈地区工业局。该厂主要生产重熔铝锭、纯铝管、导电用铝母线、铝合金管材和各类铝型材及碳化水箱等产品。企业产品均通过国家ISO9000标准认证，销往全国21省（直辖市、自治区），出口北美、南亚，其中纯铝管、铝母线、铝锭均为省优质产品。该厂1974年、1975年被评为"湖北省工业学大庆先进单位"，1980年、1981年被冶金部和国家有色工业管理总局评为先进单位，1994年12月改制后从白莲镇迁至黄州。图为白莲河铝厂俯拍

　　湖北省水利厅白莲河发电设备制造厂，创建于1970年6月，是水利部、能源部定点生产中小型成套水力发电设备和农排大泵电机定点企业，产品销往国内20多个省（直辖市、自治区），出口古巴、洪都拉斯、伯利兹、阿根廷、斯里兰卡等国家。图为该厂生产的白莲牌155KW-12P水泵电动机

　　湖北锻压机床厂，是湖北省最早定点生产机械压力机的专业厂，是中国机床总公司联营集团和全国锻压机械联营公司成员之一。厂区占地面积52556平方米，建筑总面积25689平方米，有金切、锻压、铸造、动力电器等各种设备共计19种138台（套）。该厂为中南地区生产机械压力机的骨干厂家，原机械工业部定点专业厂和省定点出口扩权企业。图为湖北锻压机床厂厂房外景

浠水县轴承厂，创建于1969年，是全国轴承行业三个理事单位之一，是湖北省定点生产专业厂家，与东风汽车公司等十余家主机厂配套。1989年企业改制。图为该厂生产车间

　　湖北浠水电力变压器厂，创建于1964年，生产的"知音"牌系列电力变压器先后获得"湖北省名牌产品""湖北省优质产品"等荣誉称号；是国家经贸委认定的电力变压器专业生产和城乡电网改造首批入网企业

　　浠水酿酒历史悠久，北宋大文学家苏东坡谪居黄州时，数度游历浠水，留下许多足迹和佳作，特别对浠水民间古法酿制的糯米封缸酒情有独钟，写下了佳句"障泥未解玉骢骄，我欲醉眠芳草"。浠水酒厂创建于1952年。酿制的高粱酒，被誉为"浠水小茅台"，深受市场青睐。糯米封缸酒荣获"湖北老字号""黄冈市非物质文化遗产""国家轻工业部优质产品"和"国家地理标志产品"等称号。图为酒厂酿制车间作业场景

　　湖北白莲河抽水蓄能电站位于黄冈市罗田县（现白莲河生态保护和绿色发展示范区）境内，是湖北乃至华中电网用电负荷中心。电站安装4台30万千瓦可逆式抽水蓄能机组，总装机容量120万千瓦。工程静态总投资31.89亿元，动态总投资35.33亿元。电站枢纽主要由上水库、输水发电系统、地下厂房及下水库等建筑物组成。电站主体工程于2005年8月1日开工建设，2010年12月27日，4台机组全部投产。电站建设工程共取得60余项技术创新和科研成果，荣获"国家优质工程奖"。

白莲河抽水蓄能电站全景　　徐水秋/摄

近年来，白莲河库区坚持以生态优先、绿色发展为导向，持续推进白莲河生态治理、修复和保护工作，水资源保护实现历史性突破，水库水质常年保持在Ⅱ类及以上，已成为浠水百万人的主供水源，也是黄冈市区的饮用水水源保护地。

浠水县白莲河水厂，是湖北省农村供水规模最大的单项供水工程，是浠水县城乡供水一体化骨干水厂。设计日供水量5.69万吨，受益人口62.83万人。项目概算总投资约3.2亿元。2012年11月，一期工程开工，主要包括主水厂建设和36.5千米的东线主管网铺设。2015年5月，二期工程开工，主要包括34.5千米的西线主管网、7.6千米的洗马支管网、8.5千米的丁司垱支管网、13.6千米的三店支管网、13.2千米的朱店支管网、12.7千米的巴驿支管网建设。

白莲河水厂厂区　　周健/摄

鄂东水厂建设项目地处黄冈市白莲河水库周边、途经白莲河示范区、浠水县和黄州城区，是黄冈市重点民生工程。总投资17.5亿元，设计日供水55万吨。供水范围覆盖黄冈市区、团风县城及周边7个乡镇以及浠水县西部5个乡镇，受益人口157.52万人。

黄冈市第三水厂　　徐水秋/摄

附 录

库区淹没拆迁情况：总计淹没户数10201户，人口48781人，耕地47139亩，房屋46321间。其中英山县3651户，20753人，12715亩，17407间；罗田县4141户，17740人，22537亩，16439间；浠水县2409户，10288人，11887亩，12475间。

移民安置情况：1959年冬开始进行移民安置，1960年初组织搬迁。三县应迁移人数42002人，其中，外迁30000人，实际外迁人数28146人，其中回迁20578人。到1980年，外迁移民80%以上返迁。

移民拆迁房屋

移民拆迁现场

移民搬家

移民搬家

欢送移民到新疆

　　20世纪50年代以前，白莲河还只是大别山脉荒山野岭中寂寂无名的河流。1958年开始兴建白莲河水利枢纽工程后，才有了人的聚集。1961年，湖北省水利电力专科学校（简称"水校"）从武汉市下迁到白莲河，当地人口大增。在当时国家压缩城市人口、减少城镇数量的大形势下，学校的下迁促成了白莲镇的成立。1963年，省政府批准设立浠水县白莲镇。新建的白莲河水利枢纽工程和下迁的湖北省水利电力专科学校成为白莲镇的根源和基础。

1960年6月10日，白莲河水利枢纽工程第二次群英代表大会合影纪念

1962年2月19日，白莲河水利枢纽工程指挥部成员和工程技术人员合影

1961年，白莲河水库大坝刚建成，湖北省省长张体学（第二排右七），在白莲河水利枢纽工程副指挥长蔡光耀（第二排右八）的陪同下视察白莲河水利工程建设，与工地指挥部成员及部分工程技术人员合影

　　1961年春，湖北省副省长程坦（左三），湖北省水利厅长黄序周（左四），黄冈地委书记易鹏（右一）、委员漆先庭（右二），浠水县委书记於保诚（左二），白莲河水利枢纽工程副指挥长蔡光耀（左一）等领导在白莲河水库工地检查工作

1968年底，湖北省水利电力专科学校水电6502班毕业留念

1976年，郭述申（左一）受李先念副总理委托，看望白莲河水利枢纽工程技术人员和工地民工

1970年1月1日，白莲河水利枢纽工程指挥部成员高昆（前排右一）、李有元（前排左二）、黄冈干休所占密（前排右六）、钱伯元（前排左一）、吴佑清（二排右一）、包楚豪（二排右三）、郭龙飞（二排左五）、李良真（三排左四）、钱万英（三排右一）欢送军宣队政委石焕堂（前排左六）回麻城人武部合影

1959年春节，战斗在白莲河上的排渍队，浠水突击连指战员和战士们在工地上合影

1959年4月18日，围堰溃口后，白莲工地浠水分部全体干部暂别留念

白莲河水利枢纽工程指挥部领导与工地劳模合影

1959年2月22日，白莲河水利枢纽工程指挥部领导欢送李长生同志暂别白莲河留念

1960年8月1日，白莲河水利工程指挥部英山兵团全体机关干部合影

1961年，省水利电力专科学校大专生蔡中模（毕业后任省水利工程二团白莲河工地技术员）在白莲河工地测量实习

白莲河水利枢纽工程因公牺牲民工名录

浠水县159名

周长青	马先旺	朱叔平	李结香	潘龙福	张和建	艾兹华	张林旺
熊国进	程登明	陈家俊	裴思启	申桂香(女)	高伯寿	张和生	周火生
蔡大秒	曹金水	程水平	张新明	龚大成	胡治华	刘宗权	申春香
张冬田	杨世友	张自胜	张金莲(女)	曾国贤	汪麻子	王育卿	徐茂元
谭仕祥	徐培华(女)	张开木	段宗明	李远俊	雷柏清	谢正亮	王幼之
南策米	王应堂	陈远江	陈六元	汪林生	高德黄	蔡之和	潘明清
徐火旺	邵楚雄	陈中炎	夏和平	南凤章	向德意	陈文兵	饶春芬
可金祥	南毛头	朱化民	陈爱青	王大狗	杨学群	夏右元	杨悦州
陈大合	高德池	姜二兵	高秋才	徐胜	何驼子	罗右可	李乃儿
王孝兰	姚桂斋	何应庚	熊八元	徐润兰	无　名(团陂公社19岁白洋河工地电亡)	吴清希	范先成
陶芸平	徐火林	皮炎松	姚水思	郭迁生	章柏松	夏学恒	汪惠春
江结香	王国中	杨进成	范金其	高××(关口公社白洋河放炮亡)	张自平	杨觉志	王高焕
柴祖贻	范永安	张秋松	陈菊花(女)	郭和儿	张国旗	徐仕乔	郭祖恩
胡仲杰	郭楚章	郭秀山	黄仲山	郭伯希	袁保华	王志华	吴方应
方仕清	王仕勋	范海轩	鲁普三	吴玉成	罗登求	徐东民	吴介成
陈又清	李学文	李寿桥	姜国华	艾保成	黄亚良	周汉卿	可德元
周进民	艾天厚	周丙云	王得舟	方叔叩	谢春芬	阎白山	叶光华
黄善求	熊学龙	姜在国	张国芬	阎华中	陈有新	李树球	王又然
周本祥	闵叔英(女)	岑道民	程叔芳(女)	胡汉民	潘省水	朱依仁	叶洪元
岑年法	乐成光	李一兰	王右全	李仕才			
王青山	张秀英(女)						

罗田县14名

张吾山　文名成　文盛成　李必子　熊酉川　熊月玉　王幼庆
李志满　丁广松　张后德　吴延松　王振　刘节林　王海非

英山县6人

陈知韦　陈守山　昊阳光　陈抱超　朱其光　沈兴磊

外地（河南许昌）1人

霍建离

注：上述名单由浠水县水利局伤残办公室、罗田县水利局提供。
英山县名单无文字根据，仅据调查资料，难免有遗漏。

合计180名

烈士霍建离之墓

在东树坳隧洞施工中牺牲的烈士霍建离之墓

编　后

　　为深入贯彻习近平总书记在河南安阳林州市红旗渠纪念馆考察指示精神和落实湖北省第十二次党代会精神，强力推进流域综合治理，加速建设国家水网先导区，更好地为统筹发展和安全提供历史经验，在中共黄冈市委宣传部、白莲河生态保护和绿色发展示范区党工委、黄冈市水利和湖泊局、中共浠水县委办公室、中共浠水县委宣传部的指导下，浠水县闻一多红烛书画院和浠水县档案馆于2023年共同编纂《大地丰碑——白莲河水利枢纽工程建设纪实（历史图片珍藏版）》。

　　编辑出版工作，得到了唐玉金、梁健、甘同南、程韧、高昆、熊巧珍、郭执斌等当年参与白莲河水利枢纽工程建设的领导和工程技术人员的支持，以及浠水县白莲镇党委、白莲镇政府、长江勘测规划设计研究有限公司、中国水电基础局有限公司、北京通成达水务建设有限公司、东深智水科技（深圳）股份有限公司等单位和刘少英、方正、梁晓群、蔡萍、邱峰、王峰、周七零、胡鹏、肖曙阳、姜全中、潘维等个人的帮助。

　　中国书法家协会名誉主席沈鹏生前为该书题写书名。

　　本书图片由汪德富历时三年寻访、收集、整理而成。除署名外，均由湖北省档案馆、黄石市图书馆、黄冈市档案馆、浠水县档案馆、黄冈市水利和湖泊局、浠水县水利和湖泊局、罗田县水利和湖泊局、英山县水利和湖泊局等单位，以及蔡定文、缪煜南、戴凤林、马岚、卫建国、白春风、江盈、方文松等人或其亲属提供。部分图片因年代久远，模糊不清，浠水县档案馆副馆长李毅从近千张老图片中精选200余张，运用高端数码微拍技术进行修复、调整后编入本书。这些历史图片的收集整理倾注了编创团队的大量心血。

　　《大地丰碑——白莲河水利枢纽工程建设纪实(历史图片珍藏版)》是记录浠水、英山、罗田三县人民在中国共产党的领导下发扬艰苦奋斗精神，治理穷山恶水，创造青山绿水和幸福生活的珍贵历史档案。

　　书稿虽几经修改，但由于编者水平有限，加上缺乏水利专业知识，讹误疏漏之处在所难免，恳请读者批评指正。

本书编纂委员会

2023年11月